DES

ACQUITS-A-CAUTION

PAR

M. L. VIALLA

Président de la Société centrale d'Agriculture du département de l'Hérault

---

MONTPELLIER

TYPOGRAPHIE DE PIERRE GROLLIER, IMPRIMEUR DE LA SOCIÉTÉ
D'AGRICULTURE, RUE DU BAYLE, 10

1869

DES

ACQUITS-A-CAUTION

PAR

M. L. VIALLA

Président de la Société centrale d'Agriculture du département de l'Hérault

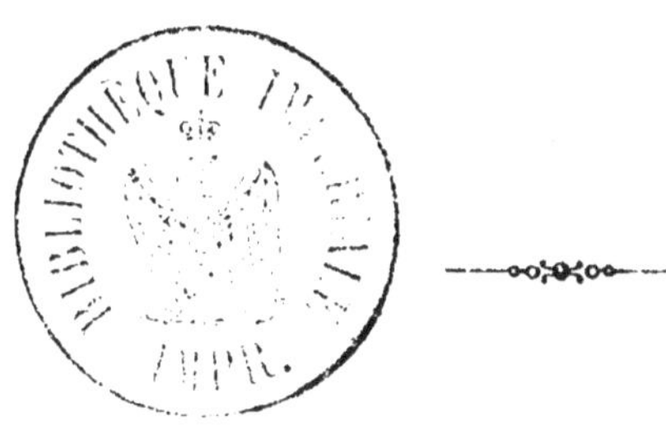

MONTPELLIER

TYPOGRAPHIE DE PIERRE GROLLIER, IMPRIMEUR DE LA SOCIÉTÉ
D'AGRICULTURE, RUE DU BAYLE, 10

1869

DES

ACQUITS-A-CAUTION

Une question assez intéressante a été soulevée dans ces derniers temps. Un de nos collègues, M. Camille Saintpierre, s'est plaint des exigences de certains receveurs de la Régie qui refusent, d'après lui, de délivrer les acquits-à-caution nécessaires pour l'enlèvement des vins, tant que les propriétaires ne consentent pas à les signer, soit en qualité de souscripteurs, soit en qualité de caution.

Cette question, peu importante en apparence, acquiert une certaine gravité quand on songe à l'infinie multiplicité des cas dans lesquels elle peut se présenter. Elle mérite donc d'être étudiée avec soin.

Toutes les fois qu'un vin est mis en mouvement pour

être transporté d'un lieu à un autre, il est soumis au droit de circulation, qui consiste en deux choses, une taxe et une formalité.

La taxe est pour les vins de 0 fr. 60 c., 0 fr. 80 c. 1 fr. et 1 fr. 20 c. par hectolitre, suivant la région, suivant la zone où ils sont expédiés : 1º Le Midi et tout le Sud-Est, y compris les deux Charentes, constituent la 1ʳᵉ zone, soumise au droit de 0 fr. 60 c.

2º Le Centre et quelques départements du Nord constituent la 2ᵉ.

3º Paris et ses environs, l'Alsace, Lyon et quelques autres départements forment la 3ᵉ.

4º La 4ᵉ se compose de la Flandre et de la plus grande partie de la Bretagne et de la Normandie.

La formalité, et c'est d'elle que nous aurons surtout à nous occuper, consiste dans l'obligation imposée à l'expéditeur de faire à la Régie une déclaration d'enlèvement et de transport, et de munir le voiturier chargé du charroi d'un permis de circulation, qui s'appelle un *congé*, un *passavant*, un *acquit-à-caution*, suivant la destination qu'on donne au vin enlevé.

Le *congé* est nécessaire quand l'expédition est faite à un individu qui doit consommer le vin. Il emporte avec lui l'obligation de payer le montant du droit de circulation.

Le *passavant* est délivré au propriétaire qui expédie son vin de sa cave à sa cave, pourvu qu'elles soient situées l'une et l'autre dans le canton où la récolte a été faite, ou dans les communes limitrophes de ce canton. Il dispense de l'obligation de payer l'impôt. Cette exemption doit être considérée comme une faveur faite par la loi au propriétaire quand les vins qu'il déplace sont destinés à être consommés chez lui. Elle n'est plus qu'une nécessité indispensable quand le producteur transporte d'une de ses caves dans une autre des vins qu'il ne peut pas enfermer ou conserver autrement.

L'*acquit-à-caution* accompagne les boissons qui sont expédiées aux marchands en gros ou en détail et qui sont, par conséquent, destinées à être revendues, à être mises de nouveau en circulation. Il a pour effet de les affranchir du droit de circulation jusqu'au moment où elles arrivent dans la main du consommateur. Le passavant et l'acquit-à-caution ne coûtent que 25 c.

Il est un quatrième permis de circulation tout à fait particulier qu'on appelle *passe-debout*. La Régie le délivre aux conducteurs de boissons qui traversent une ville sujette aux droits d'entrée et qui ne s'y arrêtent pas plus de vingt-quatre heures. Quand le séjour doit être plus long, il faut mettre les boissons en transit.

Considéré au point de vue des formes diverses qu'il

peut revêtir et que nous venons d'énumérer, le droit de circulation est assurément le plus souple, le plus flexible, le plus délié de tous les impôts : il se plie à tous les cas, il se modifie suivant les circonstances.

Considéré dans son ensemble, il prend un autre caractère et il devient alors, aux yeux de tous les financiers, la base obligée, nécessaire, indispensable, de tout le système actuel de l'impôt des boissons. Par lui, l'Administration suit dans tous leurs mouvements les boissons déplacées, elle connaît le lieu, l'heure de l'enlèvement, la destination, le chemin suivi, le mode de transport. Ce régime est gênant et plein d'entraves, mais il arme l'Administration de moyens d'une efficacité sans pareille pour surveiller les entreprises de la fraude et pour les déjouer. Il n'a pas toujours existé. Avant l'année 1808, époque à laquelle il fut établi, l'impôt des boissons avait des bases fort différentes ; il reposait en entier sur l'inventaire et le recolement. Chaque année, après la vendange, la Régie pénétrait dans tous les celliers et dressait l'état des liquides récoltés ; avant les vendanges de l'année suivante, elle faisait le recolement des quantités encore existantes et percevait l'impôt sur les manquants, en tenant compte des déchets, des vins consommés par la famille du propriétaire et des droits déjà acquittés à l'époque des ventes et des enlèvements. Ce régime était tout à fait intolérable. Il soumettait, deux fois par an, tous les propriétaires viticulteurs aux visites de la Régie, et il les rendait de plus responsables de tous les droits qui n'avaient pas été acquittés. Les vins bus, les déchets, les vins perdus par accident, donnaient lieu à des réclamations et à des discussions continuelles. Les plaintes devinrent si vives, qu'il fallut céder. Ne pouvant plus, dès lors, constater l'existence de la matière imposable à l'aide de l'inventaire et du recolement, l'Administration essaya d'arriver au même but par un autre moyen, par le droit de circulation. Ce système a prévalu depuis, et on ne paraît pas prêt à l'abandonner.

Nous n'avons pas l'intention d'étudier le droit de circulation dans tous ses détails et dans toutes ses formes. Un pareil travail dépasserait notre but. Nous nous renfermerons ici dans l'examen de la question qui a été posée plus haut, et nous rechercherons, à cet effet, en quoi consiste l'acquit-à-caution ; quelles sont les charges qu'il impose, et quelles sont les personnes qui doivent les supporter.

C'est dans la loi du 28 Avril 1816 et dans l'ordonnance royale du 11 Juin de la même année que se trouvent les principales dispositions légales et administratives qui règlent encore aujourd'hui le régime des acquits-à-caution.

DES ACQUITS A-CAUTION.

Les acquits-à-caution ne sont, à proprement parler, que des permis de circulation avec crédit du droit dû à l'État. Leur rôle est d'accompagner les boissons que les commerçants font transporter chez eux, non pas pour les consommer, mais pour les revendre. Les services qu'ils rendent sont très-nombreux. Avec un simple acquit, qui ne coûte que 25 c., un marchand en gros peut introduire chez lui de grandes quantités de liquides; en les recevant, il les prend en charge, puis il les revend, et quand le moment de les expédier de nouveau est venu, il se fait délivrer un nouvel acquit; cette opération peut se renouveler tant qu'on veut, et les boissons ainsi transportées de villes en villes, de maisons en maisons, ne paient le droit de circulation qu'une seule fois et que le jour où elles arrivent chez le consommateur. La loi ne s'est pas toujours montrée aussi complaisante; il fut un temps où les boissons relevant de la Régie étaient obligées de payer un droit de mouvement toutes les fois qu'elles étaient déplacées.

Pour se faire délivrer un acquit-à-caution, il faut d'abord déclarer les quantités, espèces et qualités des boissons, les lieux d'enlèvement et la destination, le moment du transport et les délais nécessaires, les noms, prénoms, demeures et professions des expéditeurs, voituriers et destinataires.

Cette déclaration a, pour le fisc, une très-grande importance; elle lui fait connaître où se trouve la matière imposable et où il pourra la saisir.

L'expéditeur doit de plus s'engager à représenter les boissons à la Régie dès leur arrivée dans le lieu désigné sur l'acquit, et se soumettre, dans le cas contraire, à payer le sextuple droit s'il s'agit de vins, le double droit s'il s'agit d'eau-de-vie ou d'alcools. La loi exige encore que le souscripteur de l'acquit fournisse une caution solvable et suffisante, qui s'engage *conjointement* et *solidairement* avec lui. Ces deux mots soulignés ont une grande importance. Une caution ordinaire ne peut être mise en cause qu'après discussion préalable du débiteur principal. Une caution qui s'est engagée conjointement et solidairement peut être actionnée la première, si le créancier le juge utile à ses intérêts. Mais, il faut bien le dire, la Régie n'use de ce droit que dans des cas tout à fait exceptionnels.

On peut se dispenser de fournir caution, en consignant le montant du sextuple ou du double droit, suivant la nature des liquides expédiés.

Décharge des acquits-à-caution. — Quand ces diverses formalités ont été remplies et quand l'acquit a été délivré, il faut qu'il soit *déchargé*. Le délai accordé par la loi pour obtenir cette décharge est de deux mois si les boissons ne sont pas sorties du département, et de trois mois si elles ont été expédiées au dehors. Voici en quoi consiste cette dernière formalité et comment elle doit être remplie :

Dès que des boissons sujettes au droit sont parvenues à leur destination avec l'acquit-à caution qui les accompagne, deux agents de la Régie, prévenus par le destinataire, constatent sur le dos de l'acquit l'arrivée des marchandises. L'expéditeur est, dès lors, dégagé, et c'est le destinataire qui devient responsable. Un *duplicata* de la décharge faite par la Régie peut être exigé par les parties intéressées.

De son côté, l'Administration, qui s'est emparée de l'acquit, le renvoie par l'intermédiaire des directeurs des Contributions indirectes au bureau qui l'a délivré; là, l'acquit est vérifié, rapproché du journal à souche d'où il a été détaché, et si tout est en règle, il est définitivement annulé.

Pour les boissons expédiées à l'étranger, la décharge s'opère par la déclaration de deux préposés des douanes, qui certifient au dos de l'acquit qu'elles ont été embarquées ou qu'elles ont passé la frontière sous leurs yeux.

Si l'acquit à caution n'a pas été régulièrement déchargé dans les délais prescrits par la loi, l'expéditeur qui a pris cet acquit et la caution qui l'a garanti sont tenus solidairement de payer le sextuple droit quand il s'agit de vin, et le double droit quand il s'agit d'alcool et d'eau-de-vie. La Régie a un an pour faire ses réclamations et pour entamer des poursuites. Cette année commence à courir pour elle à partir du jour où les délais accordés pour la décharge de l'acquit ont définitivement expiré.

Ce qu'il y a de plus délicat, de plus anormal dans cette série de formalités que nous venons d'énumérer, c'est l'étrange situation où se trouve placé l'expéditeur qui a pris l'acquit-à-caution. Il a contracté des engagements, et il n'en est relevé que par une décharge qui s'opère sans lui et loin de lui. Il est vrai de dire que l'expéditeur de bonne foi peut toujours, quoi qu'il arrive, réclamer auprès de l'Administration. Les hommes qui sont placés à la tête de la Régie sont pleins de modération et d'expérience ; ils ne cherchent à réprimer que la fraude, et ils ne punissent jamais les erreurs et les accidents.

Quelles sont les personnes tenues de prendre ou de cautionner les acquits-à-caution nécessaires pour l'enlèvement des vins ? — Nous venons de faire connaître en quoi consiste l'acquit-à-caution et quelles sont les formalités et les responsabilités qu'il entraîne à sa suite. Il ne nous reste plus maintenant qu'à examiner quelles sont les personnes tenues de prendre ou de cautionner les acquits nécessaires à l'enlèvement des vins.

Le doute à cet égard n'est pas permis ; l'art. 6 de la loi du 28 avril 1816 dit, en effet :

« Aucun enlèvement ni transport de boissons ne
» pourra être fait sans déclaration préalable *de l'expé-*
» *diteur ou de l'acheteur* et sans que le conducteur soit
» muni d'un congé, d'un acquit-à-caution ou d'un passa-
» vant pris au bureau de la Régie. »

L'ordonnance royale du 11 Juin 1816 est encore plus explicite. Destinée à interpréter la loi et à tracer à la Régie des règles de conduite, elle dit, dans l'art. 1er :

« Dans tous les cas où, en vertu des lois et règle-
» ments en vigueur, la Régie des contributions indi-
» rectes délivrera un acquit-à-caution, *l'expéditeur* des
» marchandises, que cet acquit devra accompagner,
» s'engagera à rapporter, dans un délai déterminé, un
» certificat de l'arrivée des marchandises, et.....; *le dit*
» *expéditeur donnera, en outre, caution solvable,* qui

» s'engagera solidairement avec lui à rapporter le cer-
» tificat de décharge, si mieux il n'aime consigner le
» montant du double droit. »

Comme on le voit, la loi et les règlements administratifs qui l'ont interprétée, n'ordonnent que ce que le bon sens indique lui-même. L'acquit-à-caution doit être pris par l'expéditeur, la caution doit être elle aussi fournie par lui. Le vendeur n'est nullement obligé d'intervenir, il n'est jamais question de lui dans la loi.

Quant à la Régie, elle est évidemment obligée de délivrer un acquit à tout individu qui le réclame, quelle que soit sa qualité, sa fortune et sa profession. La loi n'a pas fait d'exceptions et n'a exclu personne, elle n'accorde à l'Administration que le droit d'exiger une caution et de discuter sa solvabilité.

D'après cela, il est tout à fait évident pour nous qu'un propriétaire vendant son vin pris dans sa cave n'est tenu, au moment de l'enlèvement, à aucune espèce d'obligation ni envers la Régie ni envers son acheteur; c'est sur ce dernier que retombe le soin de prendre les acquits-à-caution dont il peut avoir besoin. La question devient plus douteuse quand la vente a été faite avec obligation pour le vendeur de transporter ses vins à ses frais dans un lieu déterminé. Il faut savoir dans ce cas si le propriétaire s'est rendu expéditeur ou s'il n'est que char-

retier chargé du transport pour le compte du négociant.
Tout dépend des termes et de l'esprit du marché qu'il
a conclu. Dans le premier cas, il peut être obligé de
prendre pour son compte toutes les charges de l'acquit ;
dans le second , et c'est le plus ordinaire, il peut, s'il le
veut, rester complétement en dehors.

Il est un autre cas très-fréquent aujourd'hui qui se
rapproche beaucoup de celui qui précède. Bien des propriétaires placés à portée d'une ligne de chemin de fer
s'engagent, en vendant leurs vins, à les porter à leurs frais
jusqu'à la gare la plus voisine. L'acheteur, ayant à son
tour revendu au dehors, expédie directement de la cave
du propriétaire à la cave du nouvel acquéreur. Le transport du vin se fait dans ce cas par le vendeur, par le chemin de fer et souvent encore par d'autres intermédiaires.
Qui devra demander et prendre les acquits-à-caution?
Est-ce le chemin de fer? Mais il n'en prend jamais. Est-ce
le propriétaire? Est-ce l'acheteur? On peut bien dire, à
la rigueur, au propriétaire qu'il s'est engagé à transporter
ses vins sans indemnité jusqu'à la gare, et que l'acquit
est une des charges du transport ; mais on ne saurait
aller au delà, et il ne serait pas raisonnable d'étendre
cette obligation si limitée jusqu'au point de le rendre
responsable de l'expédition tout entière. Il me semble
que le propriétaire doit être assimilé dans ce cas au

chemin de fer, et qu'il y a lieu, par conséquent, de le considérer comme simple voiturier chargé d'une partie du transport. C'est l'acheteur qui est ici le véritable expéditeur ; c'est donc lui qui doit prendre et qui doit fournir les acquits nécessaires.

Quoi qu'il en soit, il n'est pas rare de rencontrer des propriétaires qui, par oubli, par négligence ou par habitude, prennent toujours eux-mêmes les acquits dont l'acheteur a besoin. On ne peut pas dire que la responbilité qu'ils assument, en agissant ainsi, soit purement illusoire. Si un accident qu'on n'aurait pas pu faire constater d'une manière régulière empêchait les liquides expédiés d'arriver à leur destination, la Régie ne manquerait pas de demander le payement du sextuple droit, qui s'élèverait, dans ces circonstances, jusqu'à 7 fr. 20 c. par hectolitre, et qui pourrait, par conséquent, dépasser, dans certaines années, la valeur du vin. Ces cas sont heureusement fort rares, et nous n'avons jamais entendu dire que des responsabilités onéreuses soient retombées sur la tête de ces propriétaires trop complaisants.

Les dangers de l'acquit-à-caution sont plus grands en théorie qu'en pratique. Il y a, du reste, une foule de cas dans lesquels un propriétaire, bien qu'il soit exonéré par la loi de toutes les charges de l'expédition, est obligé, pour faciliter la vente et l'écoulement de ses produits, de se mettre au lieu et place du véritable expéditeur et de s'engager personnellement envers la Régie. Il ne faut rien exagérer, ni les rigueurs ni les complaisances. Un propriétaire avisé doit bien connaître l'étendue des engagements que l'on contracte quand on souscrit ou quand on cautionne un acquit; il doit bien connaître les obligations qui incombent à son acheteur; mais il doit en même temps savoir faire des concessions et se montrer facile, surtout quand il est en présence de négociants honorables et incapables de frauder. Nous croyons toutefois qu'un propriétaire intervenant dans un acquit fera bien de ne le signer qu'en qualité de caution. En agissant ainsi, il ne diminuera pas, sans doute, sa responsabilité avec la Régie; mais sa position sera meilleure envers son acheteur, dans le cas où des accidents et des difficultés surviendraient dans le courant de l'expédition.

9 782329 335582